Enjoy Coffee

café vivement dimanche

Takashi Horiuchi

Enjoy Coffee

café vivement dimanche

Takashi Horiuchi

Enjoy Coffee !

點滴淬煉，一杯好咖啡

選豆・烘豆・磨豆・沖煮　咖啡職人的私房筆記

堀内 隆志

cafe vivement dimanche

TAKASHI HORIUCHI

前言

我在鎌倉所經營的咖啡店「café vivement dimanche」（星期天的咖啡之趣）已經邁入第二十年了。開業至今，我使用的沖咖啡方式一貫是濾泡式。濾泡式咖啡是許多沖泡咖啡方式的其中一種，使用的濾杯也大致分為扇形（Melitta、Kalita、三洋產業）及圓錐形（KONO、HARIO、松屋）。濾杯底部所開的洞的數量及大小、濾杯內側倒水溝槽的形狀各異其趣，目前在日本市面上能買到的種類繁多。每個濾杯都有其獨特的特徵及優點，再加上每個人喝咖啡所喜愛的口味不同，我雖然無法斷言哪一種濾杯最好，但以我自己所喜歡的口味來選擇的話，重度烘焙的咖啡我會搭配KONO的圓錐濾杯，中度烘焙的咖啡我就會搭配Melitta的扇形濾杯。本書第一章裡所介紹的沖泡法只是基本沖法的其中一種而已。若是我能幫助各位在各式不同的沖泡方法、器具、工具之中，找尋出自己最喜歡的，將是最令我開心的事。

書中的第二章，介紹了我和咖啡密不可分的生活。家中擺了一台烘焙機的生活光景、由探索的好奇心所延伸出的旅行、不知不覺中累積的咖啡研磨器和音樂專輯。這一切的一切，都是在我和咖啡結下不解之緣後才出現在我的生活當中。自從生活裡加入了喜歡的器具和咖啡之後，我們的生活也變得更加多彩多姿。

無論是第一章裡以咖啡專家的身分介紹沖泡咖啡的專業技巧，或是第二章裡以烘焙達人、咖啡店老闆的身分談到生活裡有了咖啡後的樂趣等等，這些都是我在這二十年內持續不間斷地與咖啡相處所得到的。衷心期望藉由本書，能夠把你和咖啡之間的距離拉得更近。

二〇一三年十一月

café vivement dimanche　堀內隆志

Enjoy Coffee!

樂在咖啡

以濾泡式沖出一手好咖啡

目錄

I 在家就能喝到好咖啡

學習濾泡式的操作方法

＊為容易和中級篇比較，所使用的咖啡壺和P.14相同。

如果你愛喝咖啡，請一定要嘗試一次手沖濾泡式咖啡。將熱水注入咖啡粉的瞬間，咖啡粉先是膨脹起來，接著冒出數顆小氣泡，香氣從濾杯中裊裊升起，沖煮咖啡過程的五感享受也就是親手沖泡咖啡的樂趣。

若是第一次挑戰，建議先學習一個洞的扇形濾杯（請參閱P.20）的沖泡法，這類濾杯所泡出的咖啡味道相對穩定，口味和香味都能忠實呈現，我會搭配中烘焙咖啡豆來沖泡。對初學者來說較好掌控的分量，約為兩個馬克杯（330ml）。沖煮的訣竅，就是動作緩慢不急躁，同時仔細觀察咖啡粉的狀態，需要極端專注。要確實遵守分量和溫度，同時穩定且和緩地注水，不讓咖啡粉塌陷。

1 準備中烘焙的中研磨咖啡粉31g。此分量就能沖出330ml的咖啡，將煮沸的熱水倒入手沖壺裡，接著在手沖壺和咖啡壺中來回倒一次，使水溫降至約94℃至95℃。

POINT 31g的中研磨咖啡粉以量杯計算，約為80ml。沖泡咖啡的水以自來水或過濾水皆可。選擇壺嘴細的手沖壺比較穩定好控制。

2 濾紙（1至2杯用）的兩邊以手指壓合（底邊&側邊），一側摺向前，一側摺向後。

POINT 將壓合邊摺向不同方向，可使濾紙容易展開，貼合濾杯。

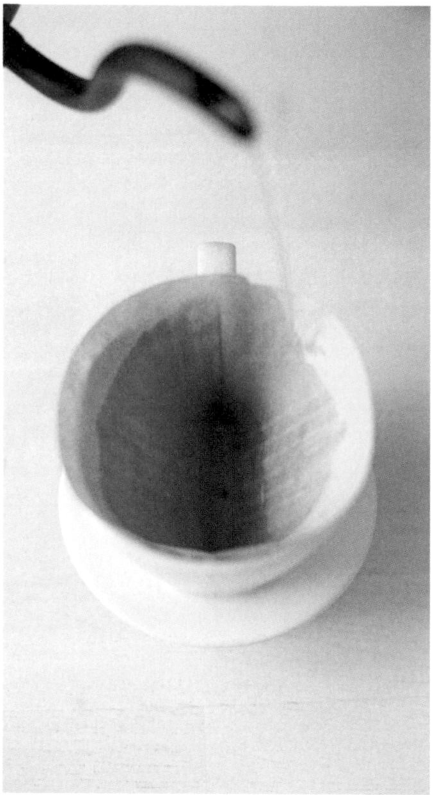

3

將濾紙放入扇形濾杯（1至2杯用）後，置於任一容器上方後，淋上少量的熱水。此動作是去除濾紙的氣味，滴落的水要倒掉。

POINT 淋上的熱水分量以淋濕整張濾紙為宜，可試著嚐嚐滴落的水分，如果沒有特別的紙漿氣味或臭味，則可省略此步驟。

4

將秤量好的咖啡粉倒入濾杯內，輕輕搖動一下，整平咖啡粉。

POINT 將濾杯移至咖啡壺上，準備手續就算完成。以耐熱玻璃製成、帶有刻度的咖啡壺盛裝，所沖出的咖啡分量一目瞭然，也可以實驗專用的量杯替代咖啡壺。

5 將熱水注入咖啡粉裡，使其悶蒸。注入熱水的方法是，將手沖壺的壺嘴靠近咖啡粉，緩慢、少量、穩定地注水。先從咖啡粉中央開始注水，出現泡沫後，再由內朝外慢慢畫圓方式，注至距粉末邊緣內側約7㎜至8㎜處。

POINT 如果沒有泡沫出現的情況，請參閱P.13・E。

6 表面不斷膨脹直到泡沫消失，咖啡粉吸飽熱水，變成圖中的狀態後，表示悶蒸結束。

POINT 悶蒸時間，以31g的咖啡粉為例，約為1分鐘。此階段中會有極少量的咖啡滴入咖啡壺中。

7

接著是正式沖咖啡的步驟。首先為第一沖。在咖啡粉中央的正上方約2至3㎝處，緩慢穩定地注入細少的熱水（右圖・上）。待出現約十元硬幣大小的泡沫後（右圖・下），沿著泡沫外緣繞圈的方式，向外擴散注水。這時咖啡粉會呈現升高膨脹的狀態。

POINT 注入熱水的方法，一定要保持穩定且水細，不能是斷斷續續的水滴狀，而是一氣呵成不斷水，可以將注水的感覺想像成「細流水」。

8

注水直到距咖啡粉外緣內側1.5㎝處，即可停止，稍作等待。此時咖啡壺裡會有些許咖啡開始滴落。

POINT 注入熱水的時間，以31g咖啡粉為例，約為15秒，注水停止後的等待時間，同樣約為15秒。

9 待泡沫中間變得平坦後，再次從中央位置開始注水（第二沖，右圖・上）。這時泡沫會再度出現，就沿著泡沫外緣繞圈，向外擴散注水（右圖・下）。直到距咖啡粉外緣內側約2cm處，即可停止，稍作等待。

POINT 第二沖的注水時間約15秒，等待時間同樣約為15秒。泡沫出現的量會隨著繞圈次數而減少。

10 同樣由中央開始注水（第三沖），沿著泡沫外緣繞圈，向外擴散注水，直到距咖啡粉外緣內側約1cm處即可停止。

POINT 第三沖的注水時間約15秒，等待時間約20秒。泡沫的質感會隨著繞圈次數而變細，此時會感覺咖啡需要花點時間才會滴落。

11 依照步驟10的操作方式，注水之後等待一會兒，重覆約2至3次（合計5至6沖）。

POINT 第四沖開始咖啡會滴落得很緩慢，像是累積在濾杯內的狀態。

12 待咖啡壺裡的咖啡達到330ml後，整個沖泡過程就可結束。即便濾杯裡仍有未滴完的咖啡，也要將濾杯移開。

POINT 第一沖至第六沖的沖泡時間，以31g的咖啡粉為例，約為3分鐘。

＊這裡所介紹的沖泡步驟，是我在店裡所使用的方法，和濾杯製造商所推薦的沖泡方式有所不同。

COLUMN 濾泡式咖啡的訣竅

A 不以滾水沖泡咖啡

如果以滾燙的開水沖泡咖啡，會沖出咖啡中的苦味及澀味。我會依據豆子及濾杯的不同，搭配不同溫度的熱水，請參閱表格。我會先將煮滾的熱水倒入手沖壺，在手沖壺及咖啡壺之間來回幾遍，讓水溫降至適當的溫度，再以溫度計確實測量最為安心。

中烘焙	94℃至95℃	Melitta
重烘焙	84℃至85℃	KONO
法式烘焙	84℃至85℃	KONO

B 使用壺嘴細小的手沖壺

普通家用的水壺，出水量較大，並不適合沖泡濾泡式咖啡。出水量太大時，會使咖啡粉在濾杯裡被攪拌，以致帶出不必要的苦味及澀味。需要少量且穩定的水流時，還是選擇壺嘴細小的手沖壺較為便利（請參閱p.24・p.26）。

C 注水時，請搭配呼吸

想要控制少量地、穩定地、緩慢地以固定的速度注入熱水，一定要配合固定節奏的呼吸。以鼻子吸氣、嘴巴吐氣，仔細留意自己的深呼吸。如果呼吸的節奏不順暢，會不自覺地使用過多力氣，同時身體也會變得僵硬，手也會因不穩定而顫抖。身體放鬆、精神專注——這是重點。

D 不要一次注入大量熱水

在注入熱水畫圓漸漸擴大時，不要一直延展至咖啡粉的最邊緣，而是在內側的位置就停止。如果咖啡粉完全浸泡在水裡，則表示熱水倒太多了。

E 沒有泡沫？泡沫的顏色不一樣？

注入熱水後，咖啡粉會產生氣體，整體也會從中央隆起變如圓頂的半圓形，表面則會冒出小泡沫。泡沫出現的狀況，和咖啡粉的分量、熱水的分量、咖啡粉的種類、烘焙的深度、粉末的粗細程度、烘焙後所經過的時間、豆子研磨後所經過的時間都有關係。當在少量的咖啡粉上注入大量熱水，泡沫就不容易出現；淺烘焙的豆子或研磨較粗的咖啡粉，泡沫會偏少；烘焙後或研磨後放置較久的咖啡粉，泡沫幾乎不會出現。至於泡沫的顏色，重烘焙的咖啡粉會沖出偏茶色的泡沫。

F 沖出的咖啡分量與咖啡粉分量之間的關係

以多少咖啡粉沖出多少分量的咖啡，我是依豆子的烘焙程度為準，再搭配不同的濾杯，請參閱表格（咖啡粉皆為中研磨）。

沖出的咖啡分量	中烘焙（Melitta）	重烘焙・法式烘焙（KONO）
125ml（1杯）	12g	13g
250ml（2杯）	22g	23g
500ml（4杯）	40g	44g

G 苦、澀、濃、淡

如果沖出的咖啡帶有苦味或澀味，可能是豆子研磨過細，或熱水溫度太高。可以試著以下列方式加以調整。

❶ 咖啡豆研磨略粗一些。
❷ 再降低一些熱水的溫度。
❸ 將扇形濾杯換為圓錐形濾杯。

若是咖啡喝起來口感較濃，請將咖啡粉磨得粗一些，或多加一些熱水；如果是口味偏淡，則將咖啡粉再磨細一些，或減少熱水的分量試試看。

中級篇

以圓錐形濾杯沖泡一杯屬於你的咖啡

掌握扇形濾杯的沖泡訣竅後，讓我們來試試看圓錐形濾杯吧！

圓錐形濾杯正如同其名，形狀是圓錐形，底部只有一個大圓孔。由於這種形狀，注入的熱水會自然朝向底部的中央集中，沒有任何阻礙流暢地滴落。

圓錐形是許多達人愛用的濾杯，我從開店當初即使用KONO的濾杯至今（請參閱P.21）。它有意思的地方在於，只要變換注入的方法或咖啡粉的分量，沖出來的咖啡滋味也大為不同，是一款富有挑戰性的濾杯。比起扇形濾杯，圓錐形濾杯的難度較高，適合追求個人喜好口味的人使用。

我會使用圓錐形濾杯來沖泡重烘焙或法式烘焙的咖啡豆，利用它牽引出帶有深度的咖啡。咖啡粉的分量比扇形濾杯所使用的稍多，熱水溫度較低。請盡可能地仔細小心沖泡，不要著急，靜靜地等待那杯屬於你的咖啡。

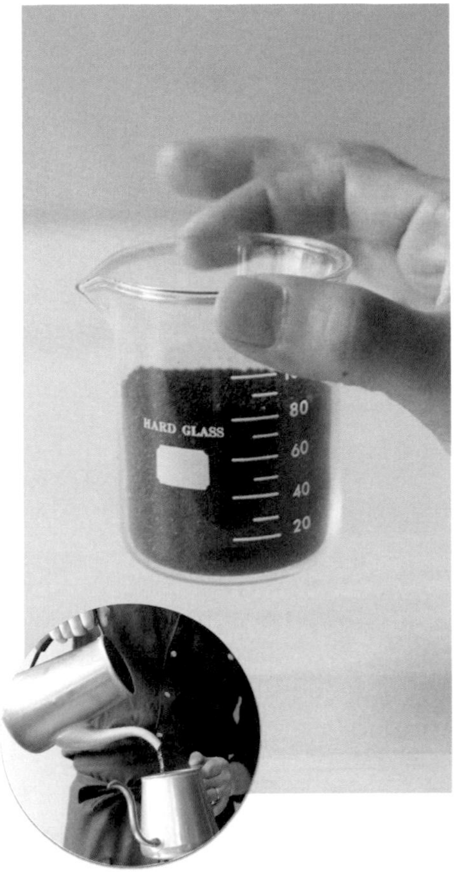

1 準備重烘焙的中研磨咖啡粉32g。此分量就能沖出330ml的咖啡。將煮沸的熱水倒入手沖壺裡，接著在手沖壺和咖啡壺中來回倒一次，使水溫降至約94℃至95℃。

POINT 32g的咖啡粉以量杯計算，約為80ml。泡咖啡的水以自來水或過濾水皆可。手沖壺則選用壺嘴細的手沖壺。

2 將圓錐形濾杯專用的濾紙（2人分）的壓合處摺向背面後，放入濾杯中，置於任意的容器上方後，淋上少量的熱水。此動作是去除濾紙的氣味，滴落的水要倒掉。

POINT 淋上的熱水分量以淋濕整張濾紙為宜，可試著嚐嚐滴落的水分，如果沒有特別的紙漿氣味或臭味，則可以省略這個步驟。

3

將量秤後的咖啡粉倒入濾杯內，輕輕搖動一下，整平咖啡粉。

POINT 將濾杯移至咖啡壺上，準備手續就算完成。以耐熱玻璃製成、帶有刻度的咖啡壺盛裝，所沖出的咖啡分量一目瞭然。也可以實驗專用的量杯替代咖啡壺。

4

將熱水注入咖啡粉裡，使其悶蒸。注入熱水的方法，將手沖壺的壺嘴靠近咖啡粉，盡可能地緩慢、少量、穩定地注水。先從咖啡粉中央開始注水（左圖・上），出現泡沫後，再沿著泡沫外緣由內朝外慢慢畫圓的方式向外擴張，直到距粉末邊緣內側約1cm處。

POINT 如果沒有泡沫出現的情況，請參閱P.13・E。

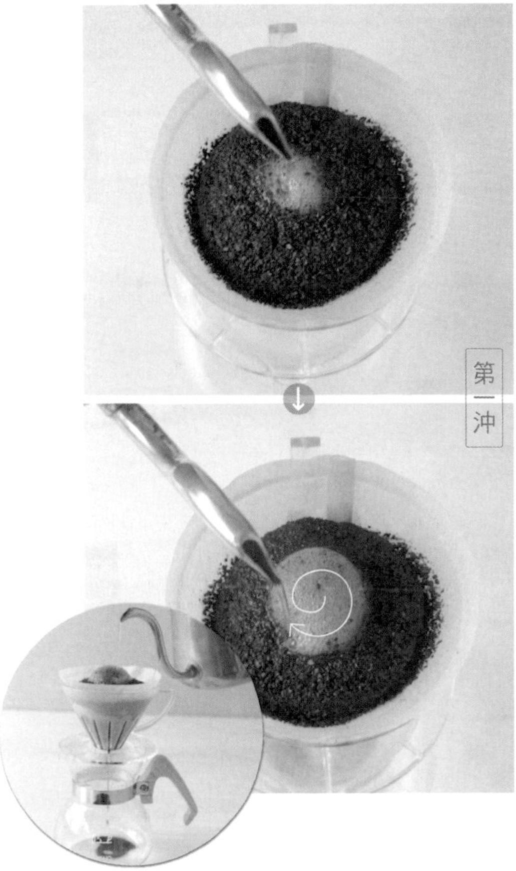

5

表面不斷膨脹直到泡沫消失，咖啡粉吸飽熱水，變成如右圖中的狀態後，表示悶蒸結束。

POINT 悶蒸時間，以32g的咖啡粉為例約為1分鐘。此階段裡幾乎沒有咖啡滴落至咖啡壺裡，即使有也是如薄膜般的微量。

6

接下來是正式沖咖啡的步驟。首先為第一沖。在咖啡粉中央的正上方約2㎝至3㎝處，緩慢穩定地注入細少的熱水。待出現泡沫後（左圖・上），沿著泡沫外緣繞圈的方式，向外擴散注水，待出現約十元硬幣大小的泡沫後（左圖・下）。在此停止注水，靜靜等待，此時會有咖啡開始滴落。

POINT 注入熱水的時間，以32g咖啡粉為例，約為18秒。注水停止後的等待時間，約為11秒。在第一沖後咖啡粉會膨脹有如圓頂的半圓形，表面也會冒出許多泡沫來。

7 待泡沫中間變得平坦後，就可進行第二沖（右圖・上）。注水方式和第一沖相同，待新產生的泡沫至十元硬幣大小後（右圖・下），即可停止注水，稍作等待。

POINT 第二沖的注水時間及等待時間，與第一沖相同。此時咖啡壺內開始會有咖啡慢慢地累積。

8 從第三沖開始，依照第一沖的方法，重覆至第五沖結束。即漩渦狀繞圈方式，沿著泡沫邊緣向外擴展注水（左圖上・第三沖結束；左圖下・第五沖結束）。

POINT 後半段注水若太急躁，咖啡會變淡；相反地，若等待時間過長，則會出現苦味。所以最重要的就是要保持穩定的節奏。

9

最後一沖，熱水停在咖啡粉最外緣內側的1cm處。

POINT 圓錐形濾杯較扇形濾杯不容易蓄留住咖啡，因此無論是咖啡粉或泡沫，都要使其保持膨脹豐滿的狀態，直到結束。

10

待咖啡壺內的咖啡蓄積至330ml後，沖泡結束。即使濾杯裡仍有未滴落的咖啡也要將濾杯移開。

POINT 第一沖至第六沖的沖泡時間，以32g咖啡粉為例，約為4分鐘。

從濾杯一窺咖啡世界

Melitta濾杯「陶瓷Filter」特色為扇形造型，底部只有一個小洞。圖中的濾杯尺寸為1X1（1至2杯分）。乳白色的潔靜感和圓潤厚實的造型正是其魅力所在。

在所有的咖啡器具中，唯獨濾杯的功能性和設計感有著密不可分的關聯；無論是深具歷史品牌的濾杯、外國特製或日本製的濾杯、造型獨特的濾杯……種類繁多。不論是哪一款，都是經由一番苦心研究，希望讓使用者方便使用、沖出更好喝的咖啡、呈現更完美的濾杯造型，建議大家不妨也多方試用，尋找出與自己最為契合的一款濾杯，因為有一只好的濾杯，咖啡美好而博大的世界也就自然展開了。

【Melitta】

研發出Melitta濾杯「Filter」，是一位德國女性Melitta Bentz。起初，是為了找出在一般家庭內也能輕鬆地沖出好喝咖啡的方法，而在金屬製的杯子底下鑽了個洞，再鋪上濾紙過濾咖啡，而開啟了製作濾杯的想法。在成立公司後，且不斷重複改良下，於一九六〇年代確定了目前Melitta濾杯的樣貌。

KONO濾杯「名門圓錐Filter」特色是底部一個大開口和側面的數道倒水溝槽。圖中的尺寸為2杯分。

Melitta濾杯的特色，是扇形的形狀及底部只有一個小洞。由於洞口較小，咖啡容易蓄積，熱水可完整地將咖啡粉滲透，沖出的咖啡口味更為香濃。我開始烘焙豆子後，是使用Melitta濾杯搭配中烘焙的咖啡豆來沖泡。

【KONO】

KONO濾杯「名門圓錐Filter」於一九七二年上市發售，是針對開業的咖啡達人，或有心想鑽研咖啡沖泡技術的人所設計的濾杯，由當時東京市郊三代經營的「珈琲Syphon」公司負責生產，設計者為第二代的負責人河野敏夫先生。將三枚法蘭絨接合濾袋（利用二至四枚法蘭絨布縫合成袋狀，用以過濾咖啡）的優點完全體現於這款濾杯上。我從開店起就一直使用這款濾杯。

KONO濾杯的最大特徵是在底部一個大開口及內側數道倒水溝槽，而溝槽的長度及高度，則每年仍在改良中。雖然咖啡粉具有一定的厚度，而熱水卻不因此過度蓄積，能

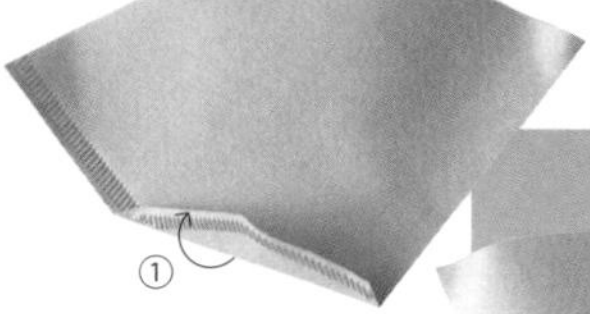

①將濾紙壓合邊的底側向上斜摺。
②將濾紙翻面後，右側壓合側邊向左摺。

paper filter

TORCH「甜甜圈濾杯」（Donut Dripper）& 咖啡壺「Pitchii」（Pitchii目前已停售）。濾紙可選用Melitta的1×4或Kalita的103，再摺成適合的形狀使用。

dripper

沖出味道爽口的咖啡。使用重烘焙或法式烘焙的豆子時，咖啡粉的分量稍多一些，再搭配溫度略低的熱水，就能沖出一杯香氣十足且口感極具深度的咖啡。雖然有點難度，但是一款值得花心思挑戰的濾杯。

【甜甜圈濾杯】

「甜甜圈濾杯」是在切割成如甜甜圈形狀的木板中央圓孔處，裝上底部鑽好洞的美濃燒陶瓷杯，設計者為中林孝之先生，並成立自有品牌「TORCH」，生產沖泡咖啡的相關器具。TORCH的產品也出口至其他國家，我曾經在專業咖啡達人競賽的世界大會中，見到愛爾蘭的咖啡師（Barista）使用TORCH的產品。

TORCH的特色是濾杯的開口處較窄，但底部的洞卻偏大。在杯身較深的濾杯中，咖啡粉的密度較高，因此能沖出滋味醇厚的咖啡。利用陶瓷和木板兩種異材質設計組合很新穎，無論是黑色或白色的陶瓷濾杯與原

美國CHEMEX公司所出品的六杯分濾杯「CHEMEX」。也有更小尺寸、杯形更細的三杯分。專屬的濾紙如左上圖摺成四角的形狀。我則選用KONO的十人分濾紙搭配此款濾杯。

木皆十分相襯。此濾杯沒有專用的濾紙，建議選用Melitta的1×4或Kalita的103濾紙，如圖所示摺兩處後使用。在中林先生的網站上有詳細的說明，請參閱網站（www.dodrip.net/）。咖啡壺「Pitchi」目前已停售。

【CHEMEX】

「CHEMEX coffeemaker」（簡稱CHEMEX），將濾杯&咖啡壺合而為一的設計。這是美國CHEMEX公司所生產的商品，由於富有設計感而舉世聞名，發想者為來自德國的化學博士Peter J. Schlumbohm。於一九三六年在美國成立公司後，將CHEMEX正式生產。

Schlumbohm博士設計CHEMEX時，是以實驗室器材中的過濾、滴漏原理，運用身為化學博士的專業知識，以三角燒瓶及玻璃漏斗作出實驗品為設計原型。在壺身中段處，有一個類似肚臍的凸起設計，是作為容量標記，表示半水位的位置。

尋覓如同好友的手沖壺

AKAHIRO細口手沖壺，特別訂製的墨黑色上漆版，是本店dimanche的專屬色（圖中手沖壺容量為0.9ml）。

許多人在家中沖泡咖啡時，是直接拿燒煮熱水用的水壺作為手沖壺使用，我不禁覺得：各位好勇敢啊！直接使用水壺並非不能沖出好咖啡，不過我還是由衷希望大家至少嘗試一次手沖壺的手沖方式，這會讓沖泡咖啡的過程充滿樂趣，沖煮出的咖啡滋味也會更上一層樓。

濾泡式咖啡，依據熱水的注水方式不同，產生不同的滋味。我在沖咖啡時，會將全副精神專注在執壺的手上。若是沒有控制而呼嚕呼嚕地倒入熱水，濾杯裡的咖啡粉會受到攪拌，咖啡也會多了不必要的苦味或澀味。該如何不搗亂咖啡粉，沉著穩定地注入熱水，是很重要的，只要選用壺嘴細長的手沖壺，每個人都可以作到。此外，在一般水壺將熱水燒開後再倒入手沖壺裡，也可以適當地降低水溫，這也是為什麼專業的咖啡師都會用手沖壺，原因即在於此。

壺嘴細長，出水口愈尖細愈佳。
（左邊的出水口是我以鉗子夾過的）

可注入極細水流，止水順暢的手沖壺。

每天都要用的器具，請選一個自己喜歡的造型吧！

握把好握，拿在手上的穩定感很重要。
（如果壺重太重，可取下壺蓋使用）

YUKIWA公司「M型Coffee Pot」以厚實的不鏽鋼製成，壺蓋固定在壺身上。圖中為五人分，另有兩種不同尺寸。

TAKAHIRO公司的「TAKAHIRO Coffee 手沖壺謂雫（0.9L）」，與同公司一直以來的產品相較，這款手沖壺的出水口更細，材質為不鏽鋼，由於從注水管至出水口皆細窄的緣故，任何人都能輕鬆地倒出極細的水注。www.takahiro-inc.com/

SAZA COFFEE「Saza Pot」。出水管較粗，可自由控制出水量，材質為珐瑯。顏色除了圖中的茶色外，還有紅色、乳白色。詳情請參閱官網www2.enekoshop.jp/shop/coffee/

各式各樣手沖壺，從容量、出水口形狀、注水管的粗細，到握把的形狀等等，每一款手沖壺都各有其異趣，至於哪一款好用，就依個人的選擇了。

以我而言，選用一至兩人分的濾杯，手沖壺的容量約900ml就已足夠，並希望能以固定的節奏持續流暢地注水，而選擇注水管及出水口為統一細度的手沖壺，注水管彎曲的角度也恰到好處，這點也很重要，如果注水管和壺身呈銳角且筆直無彎曲，只要稍微傾斜壺身，熱水就容易衝出；至於選擇固定或可拆開式壺蓋這點，如果壺身設計是必需以大角度傾斜，熱水才會流出，壺蓋就要固定在壺身上不會掉落，也較安心。

另一方面，若要沖泡四至六人較多分量的咖啡時，手沖壺容量就必需為1L以上，並選擇注水管根部較粗的手沖壺，以手部的動作進行調整熱水的出水量也很方便。

我在店裡一天至少會沖上一百杯左右的咖啡，當不想一直重複開關壺蓋，同時為了確認熱水溫度時，我會夾上溫度計，並直接取下手沖壺的壺蓋使用。

如何挑選咖啡豆

當開始以濾泡式手沖咖啡後，自然也會對咖啡豆產生興趣，或許是因為透過和咖啡的緊密接觸，對於香氣&口味差異的敏感度也提高了的關係吧！讓我們繼續往下一階段邁進，去自家烘焙咖啡的店家（Roaster）購買咖啡豆吧！

在自家烘焙咖啡豆的店裡，我們會看到許多不同種類的豆子。上頭標示著巴西、哥倫比亞、伊索比亞等等各個不同國名，而綜合咖啡（Blend）則是不同品種的咖啡豆混合。那麼，究竟該怎麼選擇呢？

【咖啡豆是咖啡樹的果實種子】

在挑選咖啡豆前，須先對咖啡豆有些基本的認識。咖啡豆是咖啡樹所結的果實種子，咖啡樹是一種屬於熱帶的植物，主要栽培於中南美、非洲及東南亞等地區。由地圖就可清楚地知道，生長地帶分布於赤道的南北緯25度以內的熱帶地區。而市售的咖啡豆名稱，就以其生長的產地來命名。

而咖啡豆和蔬果一樣，依據品種、栽培環境、栽種方法、精選方式的不同而在味道上有所差異。在專賣店裡會看見相當長的咖啡豆名，譬如巴西、米納斯吉拉斯、聖卡塔琳娜、日曬豆。依序名詞來看，是國名、州名、莊園名、處理方法。早期只以州名或地名劃分，現在連精選方式都包含並作分類，咖啡豆的種類也愈來愈多元。

【尋找與自己喜好相近的咖啡烘焙店】

雖然有前面的說明，但對於一般消費者，光聽名字還是無法得知究竟咖啡的滋味如何，這時，請教店內人員是最好的方法。知識豐富的咖啡豆烘焙店，一定會仔細地向你說明。若是店裡同時經營咖啡店，能夠直接試喝，再選擇自己喜歡的咖啡豆是最好的。找到最適合你喜愛的口感的咖啡豆烘焙專門店，也是喝到美味咖啡的捷徑。

烘焙技術提引出咖啡的風味＆香氣

法式烘焙
（French Roast）

重烘焙
（Full City Roast）

中烘焙
（Medium Roast）

咖啡的風味及香氣，是仰賴烘焙技術所牽引出來的，唯有經過烘焙過程，才聞得到咖啡獨有的濃郁香氣。

在各家烘焙公司所進貨的原料，是淡綠色的生豆。雖說是生豆，但也已經取下果肉，去除薄殼，並進行乾燥，經過這些種種的手續，才送到我們的手中。一般以生豆烘焙，烘焙的程度由淺至深有許多不同的層次，大致可區分為淺烘焙、中烘焙、重烘焙及法式烘焙四種。若要再細分，由淺至深為Light Roast、Cinnamon Roast、Mideum Roast（中烘焙）、High Roast、City Roast、Full City Roast（重烘焙）、French Roast（法式烘焙）、Italian Roast（義式烘焙）等八種階段。

淺烘焙滋味清爽卻酸味較強，而重烘焙則咖啡顏色較深，滋味濃醇，香氣當然也更馥郁。

圖中為淡綠色的生豆。開始烘焙前，先挑掉有缺陷或被蟲蛀的豆子。

白天我是咖啡店老闆，晚上我則是烘豆子的烘焙師（Roaster）。

嘗試研磨咖啡豆

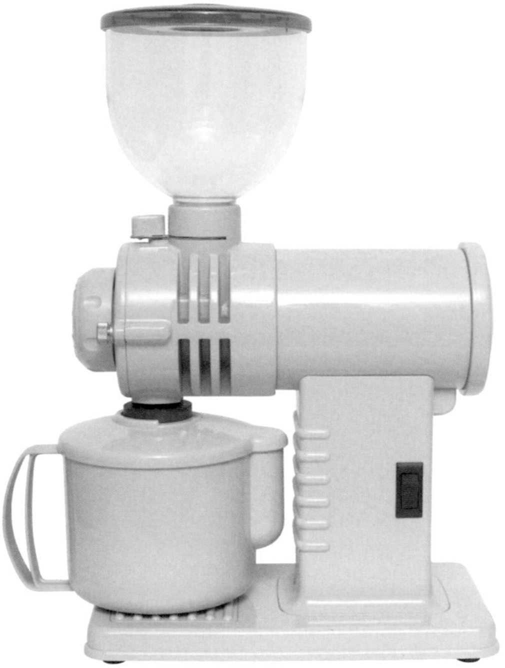

將專業用的大型磨豆機變身為小型家庭用的富士珈機「Fuji Royal Mill-Ko」。圖中為本店dimanche的特別訂製色「Mill-Ko DX」。具有專業磨豆機的穩定度，設計感也融入適合居家廚房的牛奶色系，相當受到歡迎喔。

最好喝的咖啡，就是現磨現沖。即使是新鮮的咖啡豆，在店裡研磨後隔天再沖泡，經常是咖啡粉膨脹度不夠，香氣也不明顯。若是在家裡準備一台磨豆機，就可以在沖咖啡前，現磨的豆子，再享受手沖過程中咖啡粉冒著氣泡的樂趣，而且香氣濃郁。其實，在研磨咖啡豆時就可以聞得到香氣了，香氣也是構成咖啡主要味道的重要成因之一。

磨咖啡豆需要專門磨豆機，如果是天天都喝咖啡的人，選擇電動研磨機會比較方便。只需幾秒鐘就好，最適合早上匆匆忙忙趕時間的人。磨豆機的種類繁多，從台幣數千元至上萬元都有，我認為可以設定研磨程度的機種較方便，穩定性也高（請參閱P.34）。由於價格偏高，許多人因此而猶豫，若使用穩定性高的磨豆機，沖出的咖啡確實味道更好。

咖啡豆

雖然外觀像豆子，卻是種子。依品種或栽種地不同，顆粒的大小也有差異。

粗研磨

想喝口味清爽的咖啡時，請選擇粗研磨。適合美式咖啡、法式壓壺、金屬濾杯、濾布沖泡。

中研磨

最適合濾泡式沖泡的是中研磨。顆粒粗細程度和砂糖差不多，也可用在濾布沖泡。

細研磨

沖泡冰咖啡或咖啡歐蕾時使用，需要沖出高濃度咖啡時，建議選用細研磨。還有極細研磨，則是適合義式濃縮咖啡。

電動研磨機的使用方法

＊此為是「Mill-Ko DX」的操作方式，因各機種不同，請參考使用說明書。

1 打開電源，轉動研磨粗細度的調節鈕，選擇顆粒大小。
＊中烘焙豆選3，重烘焙、法式烘焙豆選3.5至4，美式咖啡用則選5至7，冰咖啡則選2。

2 秤量需要分量的咖啡豆，關上閘板，將咖啡豆倒入漏斗（盛裝咖啡豆的容器）中。

3 打開閘板，開始研磨。完成後，取出咖啡粉盒（盛裝研磨後的咖啡粉容器），輕輕地在桌面敲幾下。

4 輕敲後，再打開蓋子時，剛磨好的粉末較不會因為靜電而四處飛散。
＊附著在機器內部的粉末，請以空氣除塵器（Air Duster）或刷子清理乾淨，尤其當變換不同咖啡豆研磨時。

三台專業研磨機。左側為富士珈機「Fuji Royal R-440」，在咖啡店或咖啡專賣店經常可見的配備，很受好評。圖中的咖啡粉盒並非現在的商品，是早期的絕版庫存。圖中間的則是富士珈機和dimanche所同共設計的R-440的樣品。咖啡粉盒的外形承襲以往的設計，只是把手位置作了90度的更動，顏色為墨黑色。右側則是義大利La Minerva公司出品的磨豆機。

＊三款皆又大又重，雖並非針對普通家庭使用所設計，但功能性佳，外型也適合作為居家裝飾。

喀啦喀啦聲，正是手搖研磨器的魅力

Kalita「手搖式磨豆機」，這款是參考以前在美國曾經出現的垂直握把形式而誕生的作品。為預約訂製商品，有黑、紅兩色。

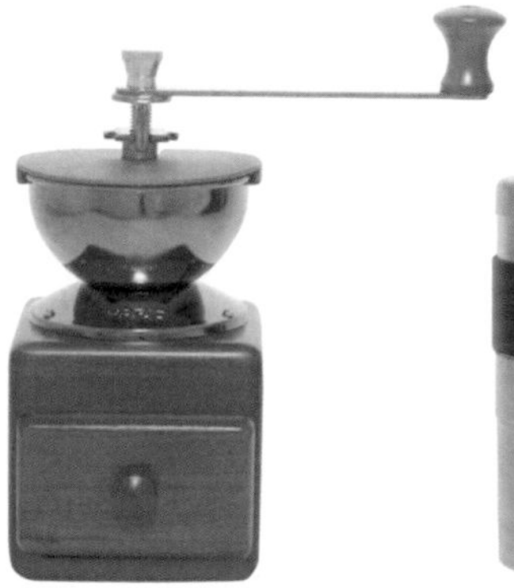

HARIO「Small Coffee Grinder」。古典風的木箱外型，內部的磨刀為陶瓷材質。

JAPAN PORLEX「PORLEX CERAMIC COFFEE MILL」。從義式濃縮咖啡用的極細研磨至粗研磨皆可研磨，把手亦可拆下。

我也喜歡手搖研磨器。手搖式的研磨器雖然沒有電動式來得方便，但卻另有一種復古工具特有的魅力。

在電動研磨機出現前，都是使用手搖式研磨器磨碎咖啡豆，只要以手操作把手，附有刀口的滾軸就會開始轉動，咖啡豆就會被壓碎而變成咖啡粉。磨豆時，藉由研磨器機身輕微地震動，能感受豆子正慢慢地被磨碎，正是手搖式的樂趣；磨豆時聽見喀啦喀啦聲，也可放鬆心情。由於是手動操作，會花上一些時間，可能不適合個性較急的人使用。

手搖式研磨器的價格，從日幣2000至超過萬圓的價格皆有，請挑選符合自己需求的磨豆器。我覺得把手可輕鬆轉動、磨出來的豆子又穩定度高，是圖中左側的磨豆器，若是需要攜帶至戶外露營使用時，可拆卸把手的右側機種應該比較適合。

手搖研磨器的使用方法

1 先調整顆粒粗細度的旋鈕，調至需要的刻度。也許不太容易辨認旋鈕上粗細度，但好處是可以微調。

2 將所需的咖啡豆分量，倒入漏斗（盛裝咖啡豆的容器）裡。

3 一隻手將磨豆器固定，另一隻手轉動把手，開始研磨。

4 磨好的咖啡粉會掉在底部的抽屜裡。使用完畢後，記得以刷子或牙籤清理乾淨。

咖啡豆的保存方法

dimanche咖啡店所使用的包裝袋是能排氣，又能防止其他味道進入的夾鏈袋。並在袋上以手寫寫上豆子的名稱。

將豆子放在密閉性高的瓶罐中，避免陽光直曬及高溫潮濕處，以常溫保存。

經常有客人詢問我關於咖啡豆的保存方法及保存期限的問題。對於我自己烘焙的豆子，我的回答是「避開陽光直曬和高溫潮濕的地方，以常溫保存即可。從烘焙日起一個月內使用完畢最佳。」咖啡豆比咖啡粉不容易變質，在固定的期間內，不妨留心比較一下咖啡豆在味道上的變化。例如，這款豆子烘焙後放一星期最好喝，或今天的味道比昨天更潤滑順口之類的。

有些人會以冷藏保存咖啡豆，不過我認為放入冰箱容易吸附其他食品的味道，取出使用時又會凝結水氣，因此，一個月能使用完畢的分量，還是以常溫保存最安全。保存時，為了不讓香氣流失，建議放入真空罐類型的容器中；如果咖啡專賣店裡所使用的夾鏈袋，能排出咖啡豆所製造的氣體，又能阻隔其他不必要的氣味或空氣，直接以夾鏈袋保存咖啡豆即可。

BRASIL

BRASIL

Let's enjoy coffee beverages !

Iced coffee

享受咖啡的多種變化

冰咖啡

當天氣變得溫暖，點冰咖啡的客人也會漸漸變多。也有客人在冬天仍喝冰咖啡，我想冰咖啡確實有它忠實的愛好者。在此我要介紹適合在一般家庭裡，可以濾泡式沖泡的冰咖啡作法。

沖泡方式和P.7至P.12所介紹的方法相同，差別只在咖啡豆要選擇細研磨；或使用中研磨的咖啡，但注水量減半，即能沖出較濃的咖啡，再將沖好的咖啡淋於冰塊上即可。若是想一次大量沖泡，可以將110g細研磨的咖啡粉倒入1L的冷水中，在室溫下放七至八小時後，再以濾紙過濾，滴出的咖啡就是成品。

冰咖啡主要是以重烘焙的咖啡豆進行沖泡，但改用中烘焙的豆子也有另一種清爽的口感。人人喜好不同，就自由地選擇你所喜歡的吧！

Let's enjoy coffee beverages !

Café au lait

享受咖啡的多種變化

咖啡歐蕾

在喜歡喝咖啡的人當中，有些人早上只喝黑咖啡，其他的休息時間可能會選擇加了牛奶的花式咖啡。

混合了大量牛奶的咖啡歐蕾，最適合搭配濃度高的咖啡。沖泡方式和P.7至P.12的方法相同，差別只在咖啡豆要選擇細研磨；或使用中研磨的咖啡，但注水量減半，才能沖出較濃的咖啡。

很適合選用如法式咖啡這類重烘焙的咖啡豆，或豆子成熟度高的中烘焙豆，其果酸味和牛奶相當融合，喝起來會像是水果咖啡牛奶的滋味呢！可以參考法式咖啡館的作法，將咖啡和熱牛奶分開盛於不同容器內，再依喜好各取想要的分量。先倒咖啡？還是先倒牛奶？依你的喜好即可！

鎌倉
喫茶
音楽

星期天的咖啡之趣

café vivement dimanche

一九九四年，café vivement dimanche在鎌倉開始營業，我當時二十六歲，非常沉浸於法國文化之中。店裡黃色的牆壁和地板上的磁磚，是受到法國導演賈克・大地的電影《于洛先生的假期》影響；店名則是直接引用法國導演楚浮的電影《情殺案中案》（Vivement Dimanche）的法文原名。當店打烊後，我會去上法文課，也會在店裡不定期舉辦藝術家的作品展覽，或安排現場樂團演出。這家店與其說是間咖啡店，倒不如說它是用來表現自我的一個場所。不過這麼一寫，大家又會以為我比較想作展演空間，其實它的主軸還是一間咖啡店。在「好吃、好喝」的重點之外，再多加幾個有意思的元素，是我經營咖啡店的想法。附近的鄰居或甚至遠道而來的客人，大家都帶著各式不同的期待或心情來到店裡。我最希望作到的，是讓無論初訪的客人或常客，都能在店裡享受一段開心的時光。

café vivement dimanche

Dimanche的招牌Menu

Café
咖啡——巴西Bahia Tapera

當我在沖咖啡時，無論是誰和我說話，或電話響了，我都不會回應（但仍感抱歉）。巴西Bahia Tapera是中烘焙，喝起來帶有堅果或半甜度的巧克力的順口口感。在歐洲的咖啡店用的是義式濃縮咖啡的作法，我認為使用濾泡式也可以。方糖的包裝紙是本店dimanche的特製商品。

Dimanche的招牌Menu

Parfaite Dimanche
完美的星期天

Parfait是店裡招牌中的招牌。使用了咖啡凍、咖啡口味的海綿蛋糕、咖啡冰淇淋、咖啡刨冰，是一道徹頭徹尾的咖啡料理。是我和甜點研究家Igarashi Romi共同創作的甜點。

Dimanche的招牌Menu

Omlette au Riz
蛋包飯

這是從開店以來就穩坐人氣菜單排行。咖啡店裡，一定要搭配一個盤子就能搞定的菜單才行。我還在當上班族時經常光顧的一間咖啡店，那裡的蛋包飯也是好吃到不行啊！店裡的這一道，還添加了家母的獨家配方喔！附有沙拉（另有小分量可選）。

Dimanche的招牌Menu

Gaufre—Caramel Beurre Sel Excellent
格子鬆餅—極品焦糖鹹味奶油

烤得香香脆脆的格子鬆餅，加上一球香草冰淇淋，再淋上熱呼呼的焦糖漿，就從它入口即化的部分大快朵頤吧！焦糖漿的作法＆裝盤的構想也是由Igarashi Rumi所設計。

我家的前院。之前住的人所留下的植物，在經年累月地持續發芽之下，如今已是一片翠綠的樣貌。櫻花、玫瑰、牽牛花交錯生長，隨著季節的變化，院子裡的花朵也各有姿態。

II

咖啡和生活

與咖啡朝夕相處的生活

開始經營咖啡店時，我始終想著，總有一天要自己親手烘焙豆子。但我很明白，如果抱著半吊子的心態開始烘焙咖啡豆，最後一定會虎頭蛇尾地結束，所以先冷處理這個念頭。為什麼我沒有將烘焙咖啡豆這件事排在優先想作的順序上，是因為我遇見了札幌的烘焙師——齊藤智先生所烘焙的豆子。齊藤先生的烘焙特色在於，入口後有著清爽順口的口感，卻又留下一股高雅的咖啡香後味。我走遍全日本的咖啡店，品嚐過所有評價優異的咖啡，為了挑選進貨的咖啡豆也多方試喝，而喝過齊藤先生所烘焙的咖啡豆，發現咖啡香氣如此截然不同。於是在一九九八年時，我開始邀請齊藤先生為dimanche提供咖啡豆。

二〇〇九年秋天，齊藤先生因病住院，事情的發生始料未及。當時，由前輩菊地省三先生接手，頂替齊藤先生烘焙店裡所需要的分量，事情因而得以解決。但正因如此，我重新認真思考必須學習烘焙的技術這件事。

話雖這麼說，但專業用的烘焙機十分巨大，建築物也需要煙囪，而且也不是任何地方都能設置烘焙機，不論是店面或我當時的住所，都沒有可以置放烘焙機的空間，所以必須先從覓尋地點開始。我的妻子很幸運地在網路上找到了我們現在的房子。屋內在玄關後方有一個挑高的空間，剛好適合置放烘焙機，這個房子以前也曾經作為店面使用，雖然經過多次改裝，但所幸仍適合作為烘焙工作室，所以我們就決定搬到此處。

在dimanche打烊後，我回到家裡才開始進行烘焙豆子的工作。酷一點的說法可以叫我Midnight Roaster或是夜間烘焙師。分量大的時候，我只能睡三個小時左右。為了讓每次烘焙出來的咖啡豆味道穩定，一定要仔細地清潔，所以打掃烘焙機的次數比我打掃家裡的次數還多呢！

咖啡的世界真是愈鑽研愈感到博大精深，既好喝又好玩。品種不斷改良、新的莊園、新的咖啡豆，捲起一陣新旋風。咖啡的世界仍還會不斷地變化，真的很吸引人。

妻子到現在仍常常提起一件事：當烘焙機送到家裡時，她受到的衝擊可不小，心想這麼大一台機器究竟能放在哪裡？她原本還幻想著是一台多麼時髦、可作室內擺設的漂亮家具……

我的最終目標是要烘焙出和齊藤先生一樣味道的咖啡豆。因此，毫不猶豫地選用了與齊藤先生相同的Fuji Royal的直火式烘焙機。不過考慮到店裡的咖啡豆需求用量及空間問題，最後選擇比齊藤先生再小一號的五公斤機種。其次，由於考量到置放地點為住宅區，所以又加裝了消煙機。下訂後兩個月，烘焙機終於順利地安裝在家中，這是一台比我想像中還要大的機器，擺放在家中，宛如和這台機器共同生活一般。

當我開始嘗試烘焙豆子後才知曉，事情沒有想像中那麼簡單。老實說，雖然已經抱持著「這不會是一件容易的事」的心理準備，但我還是想得太簡單了，即使上完烘焙機公司的烘焙指導課程，也請教了出院後的齊藤先生，並按照他所教導的方法進行烘焙，烘出的豆子味道仍然不同。

為什麼我就是烘焙不出這樣的味道呢？齊藤先生一句話：「沒有什麼困難的事。」回答了我，卻又著實讓我傷透腦筋。因為即使以同樣的方法、步驟進行烘焙，並且以相同的機種類型、烘焙鍋的大小、瓦斯的強度、排氣量的差異……條件與設定都相同，仍然烘焙不出同樣的味道。

我向有在烘豆的朋友或前輩請教，並參考烘焙相關的書籍後，再多方實驗烘焙，還是無法達到我想要的味道。如果這般繼續下去，我擔心烘焙機會變成一台沒有功用、淪為居家裝飾的金屬器具。

放置烘焙機的空間旁就是廚房，實驗性質的烘焙
咖啡完成後就可馬上在這裡試喝。

從事咖啡相關的工作，需要有一定的感性。說不定我開咖啡店這件事，是促成我走上烘焙師這條路的捷徑也說不定。

就在漫長的煩惱日子裡，有一天突然和自己說，應該把之前失敗的經驗整理起來，找出屬於自己的烘焙方法，一定要汲取失敗作為成功的墊腳石，而且要和自家的烘焙機成為好朋友才行。比方說，味道太濃　火力及排氣閘需要微調；沒有完全脫乾水分　調整烘焙前半段的時間；烘完的豆子有煤氣味　取下咖啡鍋，整個清理乾淨……遇到問題就想辦法解決，不斷地重覆嘗試之下，對自己的烘焙機也愈來愈了解，一直到能烘出令我滿意的咖啡豆，已經是兩年後的事了。雖然我的最終目的是烘焙出和齊藤先生一樣味道的咖啡豆，使齊藤流的咖啡香得以延續，但同時也在挑戰以自己的機器烘焙出屬於我的獨特風味。

我認為操作烘焙機除了需要技術之外，兼具感性這一點也是不可或缺的。尤其自己烘豆又身兼咖啡店職人的身分。每種豆子都有各自的特色，該如何挑選、烘焙，如何呈現才能表現出咖啡店的個性、才能受到來店顧客的喜愛……這些問題經常在我腦海中盤旋。我想，這就和挑選店裡的背景音樂、杯子、刀盤、桌椅時的那份追求和協感的心情一樣吧……

收藏磨豆機的樂趣

我們家中有許多磨豆機，新的、中古的、電動式、手搖式……開始蒐集的契機是二〇〇二年時，我們開了一間名為「dois」專賣咖啡相關器具及巴西雜貨的店舖。最初是妻子默默地蒐集，一個一個拆開來，仔細清潔。在那段時間，我觀察了磨豆機的內部結構，又看著妻子研究品牌、製造商、生產年分……不知不覺地自己也對磨豆機產生了興趣。當發現有些時候不同品牌的磨豆機，竟然是同一個工廠所製造的，就覺得更有意思了。

由於我的個性容易深陷於熱衷的事物，所以一頭栽進了磨豆機的世界，蒐集的管道包括了出國旅遊的地點、古董店、二手商店、拍賣網站或eBay、拜託國外的朋友幫忙在跳蚤市場尋寶……我們蒐集的磨豆機有各種顏色、各種形式，雖然說是老式磨豆機，但是大部分都未滿一百年。一般來說，已經有一百年歷史的稱作古董，不滿一百年的則稱為老式；但若是真的找到一百年以上的磨豆機，不僅價格不親切，而且實用性也不高。我和妻子以「仍然可以使用」及「外型符合我們喜好的設計」來挑選，發現原來我們最喜歡的，是一九五〇年前後的歐洲製品。

Kinder filtern Puppenkaff

歐洲製的早期磨豆機，色彩繽粉，相當討喜。水綠色、淡藍色、鮮紅色，為什麼這些漂亮的顏色都漸漸從器具界消失了呢？真可惜。

這款被日本收蒐家暱稱為不倒翁的磨豆機，是珈琲Syphon（KONO）公司早期的製品。紅白配色及外型設計都相當可愛。右側這款內部所配置的刀刃的高性能是經過世界公認的。

這是德國在大戰前所生產的磨豆機，以樹脂（Bakelite）製造的堅硬質感，配上嚴謹帥氣的蒸汽火車外型。

這並不是磨豆機，但因為造型實在太獨特，我禁不住誘惑就買下了它們。這是美國舊金山的Atomic公司所生產的義式濃縮咖啡機。流線形的外型，是本世紀中葉的設計。

我也有幾座直搖式的大型手搖磨豆機。最左側最大一台是Peugeot。它隔壁的是義大利的Tre Spade，是在德國找到它們的。日本發生311地震店裡停電時，我把這台Tre Spade搬到店裡去，手搖磨豆（連客人也一起幫忙磨），才有咖啡粉能沖泡，是一台充滿回憶的磨豆機。

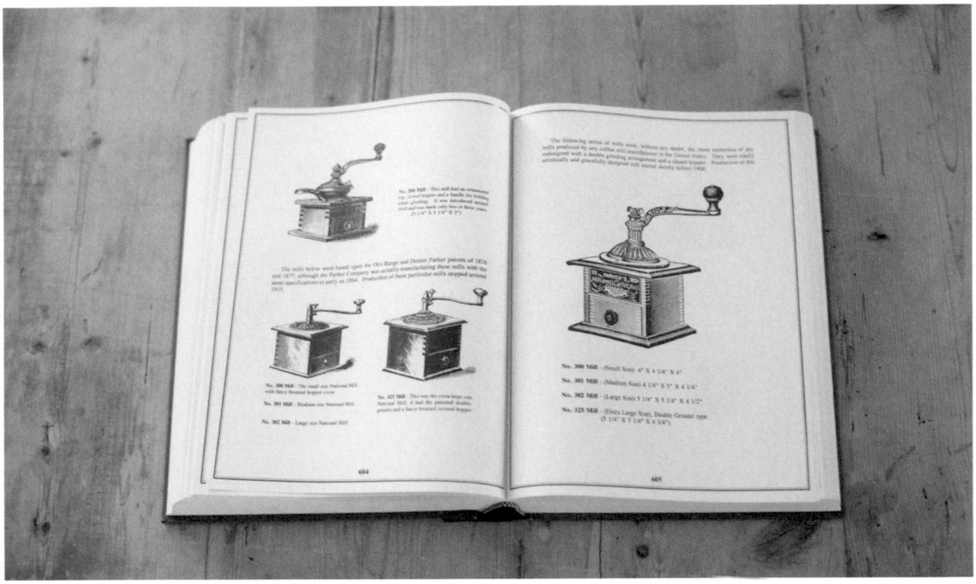

《The Macmillan Index of Antique Coffee Mills》 Joseph E Macmillan著

書中介紹磨豆機的歷史、結構、使用方法、型錄等，是一本磨豆機藏家必備的寶典。裝訂有如百科全書，1300頁的大書，和聖經不相上下。作者Macmillan在一九九五年於美國自費出版，翻到書封底內頁時，會看到作者的地址為喬治亞州。

在美國有許多磨豆機的相關書籍。大部分的作者本身也是收藏家。應該是想把自己擁有的物品介紹更多人認識吧，我十分能體會這種心情。

在前往寒川神社參拜途中，閒逛的古董器具行裡，妻子發現了這座具大的磨豆機。據説是昭和時期（一九二六底年至一九八九年初）某咖啡店裡的裝飾品。它到我家後，被擺放在玄關。

即便所收藏的磨豆機皆來自歐洲，也會因國家的不同在顏色或設計上有所差異。法國製品多為色彩繽紛且造型獨特的設計，而德國製品就較為厚重且多以功能取向，顏色也多是基本色系。

漸漸地，我對磨豆機愈來愈著迷，很想找人一起討論，偏偏身邊沒有相同嗜好的人。就在這段時期，我結識了位於大阪高槻市、自家烘焙豆子的咖啡店「MOUNTAIN」的主人——西田先生。當時我在網路上蒐尋某一個古董品牌的磨豆機時，找到了MOUNTAIN的部落格，發現店裡陳列了許多我們喜歡的磨豆機，真是令人興奮，過了一陣子後，我利用休息的時間去拜見了西田先生，見到令人目不暇給的收藏，也請教了許多磨豆機的相關知識。西田先生向我推薦《The Macmillan Index of Antique Coffee Mills》這本書，是一本如大石頭般沉重的厚書。這一本可稱為早期磨豆機聖經的大書，以豐富的插圖和照片，介紹了磨豆機相關的歷史、構造說明、各式不同機種，由於是絕版書，我花了好些時間總算買到手，對我來說它就像是教科書般神聖。

老式的磨豆機，由於是曾經被以手操作過的二手品，每一台都能讓人感受到它曾經的風華、曾經被愛用過的溫度。光是從架子上將它們取下觸摸，就感到十分滿足。我每天都以珍惜的心情對待我的手搖磨豆機，但是實際磨豆子的卻是電動研磨機。雖然，我蒐集的手搖磨豆機都仍然能夠使用，但在忙碌的早晨裡我還是選用電動研磨機。真希望有一天我能有充裕自在的時間啊！

圖・上：木工達人 — 中西洋人所製作的桃木磨豆機。觸感極好，也相當有名氣。當中的刀片及轉軸是Kalita製。可惜目前已停產。
圖・右：「Mill-ko DX」的牛奶色，是歐洲品牌如Peugeot或Tre Spade的古董機種裡常見的顏色。看了那年代的室內擺設的照片，覺得和我家廚房調性很吻合，所以就挑了這個顏色。

咖啡之旅——西雅圖

旅行所能得到的收穫實在豐厚，親自以眼耳鼻舌感受咖啡，那種鮮明的記憶是在網路瀏覽完全無法體會的。我到西雅圖的旅行，是開始烘焙咖啡豆約二年半後的初秋，起因是我最喜歡的巴西音樂家，將西雅圖排入了他在美國巡迴演出的其中一站，讓我殷切期待。我知道西雅圖是星巴克咖啡（Starbucks）的根據地，也是美國興起的第二波咖啡浪潮的發源地，算是西雅圖系咖啡店的聖地，但聽說最近興起的第三波咖啡浪潮也前進到西雅圖，來自舊金山和波特蘭風格的咖啡店及咖啡豆開始出現。由於我一直有想造訪西雅圖的想法，這真是絕佳的好時機，想親自到當地喝喝看，自己會最喜歡哪種咖啡，五天三夜的咖啡之旅就此展開。

西雅圖果真是全美咖啡因消費量最高的城市，我所到之處都看得到咖啡店。而當時我嚐過最好喝的是「Trabant Coffee & Chai」店裡的卡布其諾，問了店員得知，他們使用來自「kuma coffee」所烘焙的伊索比亞日曬法（*註1）咖啡豆。當時在日本國內流通的伊索比亞咖啡豆多為水洗法（*註1），而日曬法則保有了成熟水果般的滋味，雖然我喝的是卡布其諾，卻有著草莓牛奶似的芳香。像這樣的咖啡，表現其獨特風味的方法，就像葡萄酒（winey）一樣。我所喝到的果實成熟感，是伊索比

＊1　日曬法（Natural）、水洗法（Washed）皆為咖啡果實的處理方法。日曬法是將果實連同果肉一起乾燥處理，水洗法則是先取下果肉後再進行乾燥手續。

亞從古至今所沿用下來的咖啡處理法中，所延伸出來的稱為Natural的日曬法。採收的咖啡果實直接以日曬乾燥處理，在接近發酵前再取下果殼及果肉，只留下種子。這個作法雖然會有果實因發霉而臭味轉移到豆子上的風險，但在Specialty Coffee（*註2）的標準審核下，將這最古老的作法重新檢視修正，目前已是中南美洲最廣為使用的咖啡豆生產處理法。

在kuma coffee的伊索比亞日曬豆，它具備了挑選豆子時所需要的感性，並將豆子的個性完美地烘焙出來，這款咖啡豆將我領向一個截然不同的咖啡新世界，我從來沒喝過這麼好喝的咖啡。原來光是生豆的處理方法不同，就能讓味道出現如此大的差異，這一瞬間，我明白了未來還能再將咖啡作出不同的變化，烘焙方法今後也要大幅改變，才能烘出如此好喝的豆子，我也希望我的客人能夠嚐到這個滋味。回到日本後我不斷地尋找進口商，終於讓我如願地買到伊索比亞的日曬豆。光是生豆，聞起來就有成熟哈蜜瓜的果香，當烘焙完成試喝時，我的感動無法以言語形容。因為，我重現了當時在西雅圖所喝到的那杯咖啡的滋味了。之後，這款咖啡豆在日本漸漸廣為人知，不過若沒有當時在西雅圖的際遇，我也不會如此的堅持。所以，旅行時的感動是會深刻留在記憶裡的。

＊2　指咖啡豆從栽培、採收、處理、挑選、運送、保管、烘焙，直到沖泡完成，皆以最適當的方法，配合環境的考量下所製成的精緻咖啡。（台灣精緻咖啡協會的網站http://www.tasc.org.tw）

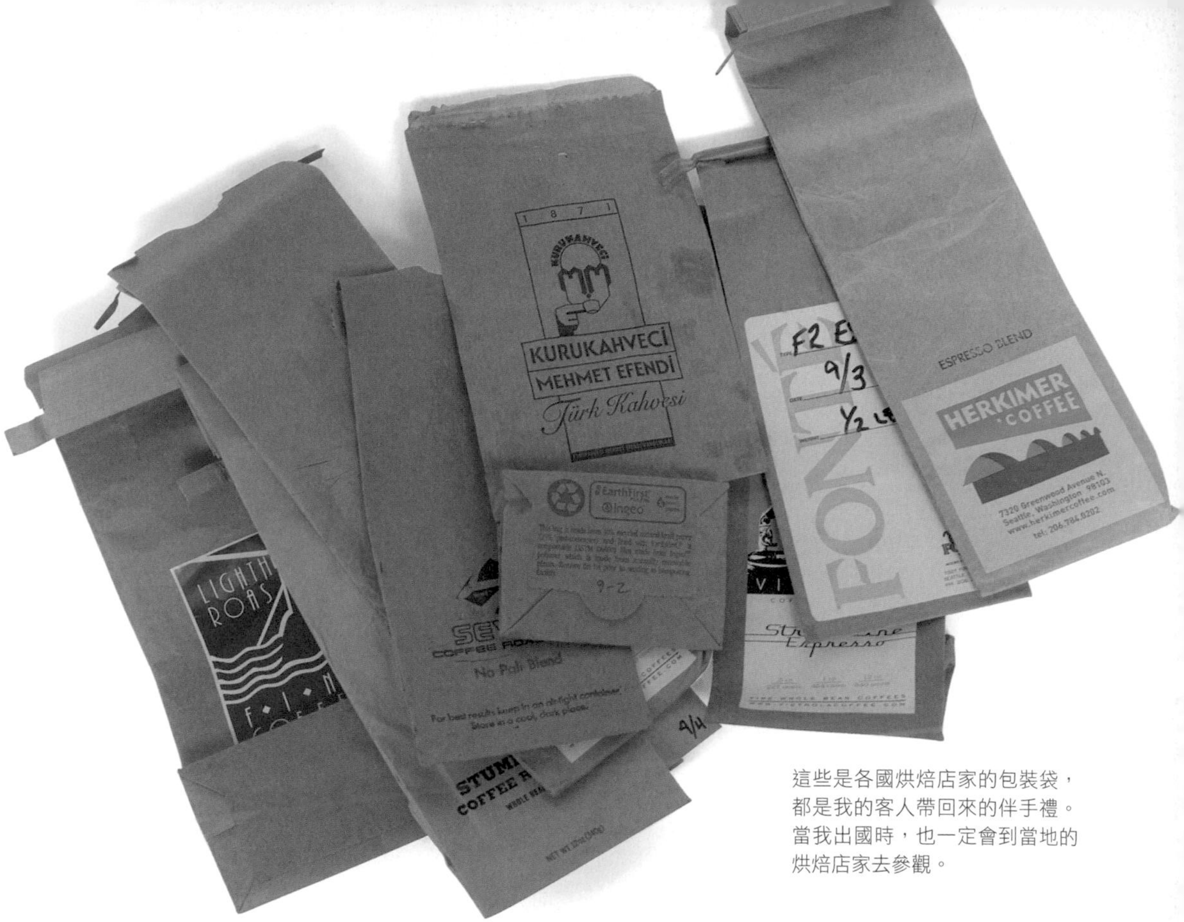

這些是各國烘焙店家的包裝袋，都是我的客人帶回來的伴手禮。當我出國時，也一定會到當地的烘焙店家去參觀。

這是西雅圖烘焙咖啡店「kuma coffee」的包裝袋。店的商標就是店名kuma＝熊。在國外許多私人經營的烘焙店家的包裝袋設計，是以簡單的手作紙袋再蓋上印章或貼上貼紙。

在本店dimanche咖啡店裡，時不時也
會有品質佳、值得推薦的咖啡，請別
客氣，歡迎隨時和我們詢問喔！

不知不覺中增加的馬克杯。最右側那大大的美國馬克杯是在西雅圖購得。我是隨時隨地都想來一杯咖啡的人，所以容量大的馬克杯非常適合我。

我在西雅圖買了可以塞滿整個行李箱的咖啡豆，連包裝袋的設計都能直接地感受到各家烘焙專賣店獨有的特色。只要沒有偏離主題，擁有一點自己獨特的風格也很好，就相信自己的直覺及感受，烘焙出受客人喜愛的咖啡豆吧！想必，這是我在日本就算想破頭也得不到的答案。還有一個是除了咖啡之外的收穫，就是我帶著追星的心情飛到西雅圖觀賞的演唱會，那位我所喜歡的音樂家最後甚至來到我的dimanche咖啡店裡演出。只要付出行動，前面一定有個未知的驚喜在等待。什麼都不作，就什麼也不會發生。

dimanche咖啡店的原創設計咖啡杯

為了找尋器具而走訪德國

因為從事與咖啡有關的工作，而開始對德國產生興趣。像我這樣以濾泡式沖泡咖啡的人來說，德國是無可避免一定會有所接觸的國家，因為它正是Melitta和Zassenhaus這兩大品牌的生產國。對於沖泡器具的歷史相當有興趣的我，在二〇〇九年曾走訪了Melitta的總公司&工廠，以及Zassenhaus的總公司。

Melitta總公司及濾紙製造工廠，位於德國北部的Minden。總公司內部有Melitta歷代商品的資料陳列室，在一百年裡，濾杯曾經出現圓錐形，或開了四個洞的時代等等，能夠得知這樣的變化，對我來說是無比的收穫。因為這個契機使我重新體認Melitta優異的功能性，之後便開始使用此品牌。至於Zassenhaus則位於以刀具出名的Solingen，是極具歷史的磨豆機品牌，和另一家公司合併後，因為破產而被收購，但至今仍持續生產商品。在這個品牌的成立之初，就製造了可以雙膝夾住，使用的磨豆機，那去蕪存菁的設計實在經典。雖然市場上永遠都有新的咖啡器具推陳出新，但以另一個角度來看，像Melitta或Zassenhaus這樣經過一百年仍然受到人們喜愛的商品，我希望大家都能感受到它們所存在的價值。

Melitta的老式濾杯。居住德國的友人在跳蚤市場挖到的寶。溫潤有手感的造型，搭配別緻的商標字體。雖然我在店裡使用的是新式Melitta濾杯，但它的圓潤質感應該就是從早期就傳承下來的設計吧！

Zassenhaus的膝蓋式磨豆機「聖地牙哥」系列。由於是給坐著的人，以雙膝夾住後使用，因此機身在設計上符合人體工學，隨著時代變化樣貌也有些微的改變。最右側那台是適合義式濃縮咖啡使用的極細研磨機。

咖啡&音樂

在我開始經營咖啡店之前的一九九〇年代前半，正是世界音樂大行其道的時代，不止歐洲、南美音樂，連非洲或中東音樂都有很多管道能欣賞。或許，我會受到法國文化的洗禮，也和時代的背景有關吧！我本身也是愛音樂的人，剛開始經營Dimanche時，會在店內播放法國電影的配樂，或在巴黎的跳蚤市場尋寶購得、帶一點另類風味的音樂，當作咖啡的背景音樂。也因為如此，開始有喜愛音樂的人和我聊天，我也向有研究音樂的人請教，什麼樣的音樂和咖啡最適合。因此dimanche店裡的咖啡香，從最初就是和音樂融合在一起。

至於我對巴西音樂真正投入的時間點，是由一九九七年起。原本接觸不深，但在聽過卡耶塔諾費洛索（Caetano Veloso）及卡兒科斯塔（Gal Costa）合作的專輯《Domingo》後，我深深地著迷，仿佛自然而然地被音樂牽引著。但是，愈鑽研愈發現這只是冰山一角。那段時期，我正為咖啡的味道而煩惱著，所幸遇見了獨一無二的「齊藤咖啡豆」，煩惱得以終結。但那也只是加速我花更多心力在巴西音樂的鑽研上，醒著也好、睡著也好，任何時間都沉浸在巴西音樂的世界裡，哪時為數不多的薪水，大半貢獻給唱片行了。後來拜朋友牽線之賜，在二〇〇二年我開始撰寫

我為與咖啡相關的音樂挑選的曲目，所集結而成的兩張CD。專輯名稱為《Coffee & Music》。這樣的音樂企劃形式，也許是前所未見的吧。

與巴西音樂相關的樂評，並開始幫忙選曲，同時身兼咖啡店職人。之後，由於齊藤先生的病況，還有我為二〇一〇年出版的《Nara Leao——美麗的Bossa Nova歌姬》這本傳記擔任校稿工作，經由此契機，我決定走上烘焙咖啡豆的道路。烘焙占據了比我想像中更多的時間、勞力及思考力，當然也剝奪了我享受音樂的時間，但是當我收到世界各地的咖啡豆時（例如：巴西、夏威夷、古巴、印尼……），我卻也感受到這些地方所誕生的好音樂與好咖啡間的關聯。來自非洲的伊索比亞、肯亞、坦尚尼亞，及中東的葉門的咖啡豆。我找出世界音樂流行時期所買的非洲或中東音樂，聽著聽著，彷佛透過音樂更了解咖啡豆與原產地的文化。

dimanche不定期安排現場的音樂表演，若是外國樂手的演出，我會依據表演者的特色而烘焙咖啡，提供給當天的客人飲用。例如印尼的Adhitia Sofyan表演時，我搭配曼特寧咖啡；演奏古巴音樂的Mateo Stoneman表演時，則提供古巴咖啡。也因為是自己烘焙咖啡豆，才能夠這麼嘗試，而咖啡和音樂結合後所表現出來的可能性也因此更提高了一些。對我來說，咖啡和音樂是密不可分的。花了三年摸透關於烘焙相關的一切知識後，我重新開始把精力放在巴西音樂上。在跨越如此巨大的烘焙難關後，再次沉浸於最鍾愛的巴西音樂裡，其中得到的全新感動及喜悅，也讓我更加期待之後的發現。對我來說，《咖啡&音樂》的第二章，正要展開。

這是我很喜歡的巴西女歌手Nara Leao，登上當地雜誌封面。dimanche店裡也掛有她的海報。我對Nara的生平非常有興趣，四處蒐集她的相關訪問或報導。也就是因為她，我開始愛上巴西音樂。

我唸高中的時候開始買唱片。不只巴西音樂，我也喜歡拿著吉他、自寫自彈自唱的樂手＆專輯。因為家裡的空間被烘焙機給占據，只好將放唱片的架子藏到廚房旁的小倉庫裡，不過只要有空閒時，我就會在裡面重新挖寶。

後記

在SCAJ二〇一三年（World Specialty Coffee Conference and Exhibition 2013）的HARIO攤位上，我親眼見到World Brewers Cup二〇一二年的冠軍得主，來自澳洲的Matthew Perger的沖泡方法，十分驚人。他在一開始的悶蒸結束，只進行第二沖後，直接攪拌咖啡粉，最後將濾紙以雙手擰成圓形，把濾紙內殘留的咖啡液直接擠入咖啡壺中。我試喝了以這方法沖泡出來的中烘焙肯亞咖啡，並未嚐到任何的苦味。濾泡式咖啡的沖法在HARIO得到全世界認可後，這幾年當中的變化實在不少。這次的體驗，讓我相信接下來還會有更多、更新的變化。在本書中第一章所介紹的沖泡方法，是我開店二十年來的經驗累積，也是我在店裡所使用的方法。如果能作為參考，幫助你找到沖出你覺得最好喝的咖啡的方法，將是我的榮幸。

執筆期間得到諸多協助的石脇智廣先生，與製作本書相關的關Megumi小姐、成澤豪先生、成澤宏美小姐、美濃越Kaoru小姐，主婦與生活出版社的泊出紀子小姐，我在這裡由衷地謝謝你們。最後，我要向每天二十四小時不間斷地支持著我的妻子，致上最高的謝意。

最後的最後我要說，與齊藤智先生的相遇，是我能沖出好咖啡的啟蒙。因為齊藤先生的咖啡，我的人生因此而改變。非常感謝您！

Enjoy Coffee!

堀內隆志

[本書介紹的日本器具公司網站一覽]

＊書中所提及的機器・工具等購買方式、價格等詳細資訊，請洽各公司網站。
＊書中所提及的機器・工具，包含了古董、早期商品或已停產的商品。關於這些商品的購買方式及資訊，恕難一一回覆，懇請見諒。

Dimanche Website
http://dimanche.shop-pro.jp/

Melitta Japan
http://www.melitta.co.jp/personal/index.html

珈琲Syphon（KONO）
http://coffee-syphon.co.jp/

富士珈機（Fuji Royal）
http://www.fujiko-ki.co.jp/mill/r220.html

TAKAHIRO
http://www.takahiro-inc.com/

TORCH 中林孝之
http://www.dodrip.net/

Saza Coffee Online Shop
http://www2.enekoshop.jp/shop/coffee/

Kalita
http://www.kalita.co.jp/

HARIO
Http://www.hario.com/

Japan Porlex
http://www.porlex.co.jp/

CHEMEX
http://www.chemexcoffeemaker.com

ZASSENHAUS
http://www.zassenhaus.com/

手作生活07

「選豆・烘豆・磨豆・沖煮」咖啡職人的私房筆記
點滴淬煉，一杯好咖啡

作　　者／堀内 隆志
譯　　者／丁廣貞
發 行 人／詹慶和
總 編 輯／蔡麗玲
執行編輯／李佳穎
編　　輯／蔡毓玲・劉蕙寧・黃璟安・陳姿伶・白宜平
封面設計／陳麗娜
內頁排版／鯨魚工作室
美術編輯／陳麗娜・李盈儀・周盈汝・翟秀美
出 版 者／雅書堂文化事業有限公司
郵政劃撥帳號／18225950
戶名／雅書堂文化事業有限公司
地址／220新北市板橋區板新路206號3樓
電子信箱／elegant.books@msa.hinet.net
電話／(02)8952-4078
傳真／(02)8952-4084

2015年04月初版一刷　定價 320元

總經銷／朝日文化事業有限公司
進退貨地址／235新北市中和區橋安街15巷1號7樓
電話／（02）2249-7714　傳真／（02）2249-8715

國家圖書館出版品預行編目(CIP)資料

「選豆・烘豆・磨豆・沖煮」咖啡職人的私房筆記：點滴淬煉，一杯好咖啡 / 堀内 隆志著；丁廣貞譯.
-- 初版. -- 新北市：雅書堂文化, 2015.04
面；　公分. --（手作生活；7）
ISBN 978-986-302-232-9(平裝)
1.咖啡
427.42　　104001747

STAFF

美術指導　成澤豪（なかよし図工室）
設計　成澤宏美（なかよし図工室）
攝影　関めぐみ
DTP 東京カラーフォト・プロセス株式会社
校閲　滄流社
企劃、採訪　美濃越かおる
編輯　泊出紀子

Enjoy Coffee

café vivement dimanche
Takashi Horiuchi

Enjoy Coffee

café vivement dimanche

Takashi Horiuchi